LA
PSYCHOLOGIE DES PUSILLANIMES

COMMUNICATION

à la Société de Psychologie et de Philosophie de Dijon

2 février 1923

LES
MICELLES COLLOIDALES
DES TISSUS VIVANTS

COMMUNICATION

à la Société des Sciences médicales de la Côte-d'Or

2 mars 1923

PAR LE

Dr Ch. PFEIFFER (de Dijon)

Médecin de l'Institut de Neurologie

DIJON

IMPRIMERIE VEUVE PAUL BERTHIER

12, rue Berbisey, 12

1923

OUVRAGES DU DOCTEUR PFEIFFER

---

1. **Les Intoxications et les Infections dans la Pathogénie des Maladies mentales et des Névropathies.** — Trad. française d'un Mémoire en italien, du Dr G. Abbundo, la *Presse Médicale*, Paris, 1901.

2. **La Psychologie de Gall.** — In *Revue de Psychiatrie*, Paris, 1901.

3. **Gall et les idées innées.** — In *Revue de Psychiatrie*, Paris, 1901.

4. **Cabanis et la Psychologie des sensations.** — In *Revue de Psychiatrie*, Paris, 1902.

5. **Essai sur la valeur alimentaire de l'alcool.** — Paris, Jouve, 1904.

6. **L'alcool et la digestion.** — In Bulletin de la Société des Sciences naturelles de Saône-et-Loire, n° 5, 1905.

7. **L'alcool et les fonctions de l'hématose.** — In Bulletin de la Société des Sciences naturelles de Saône-et-Loire, n° 7, 1905.

8. **La Lumière.** — Etude physique, physiologique et thérapeutique. En collaboration avec le Dr J. Bauzon. (Mémoire couronné par la Société française d'hygiène, Paris, 1905).

9. **Les Travaux agricoles.** — Leur influence sur l'enfance et la jeunesse au point de vue hygiénique, moral et social. (Couronné par la Ligue de Protection de l'Enfance. (Médaille de vermeil, 1905).

10. **Les destinées de l'alcool dans l'organisme.** — E. Bertrand, Chalon-sur-Saône, 1906.

11. **Pour les Nourrices, ou Premiers principes de Puériculture.** In-16, H. Lambert, Beaune, 1906.

12. **L'Art médical.** — In Correspondant médical, octobre 1907.

13. **Histoire d'un médicament.** — L'Ipécacuanha. In Bulletin de la Société des Sciences naturelles de Saône-et-Loire, 1907.

14. **Les difficultés de l'allaitement maternel.** — In les Œuvres de l'Enfance, Lille, octobre 1907.

15. **Notes sur quelques gîtes fossilifères des environs de Beaune.** — In Bulletin de la Société des Sciences naturelles de Saône-et-Loire, 1910.

16. **Névroses et Psychothérapie.** — In Bourgogne Médicale, octobre et novembre 1911.

17. **Les Névroses à l'Ecole.** — In l'Hygiène à et par l'Ecole, Janvier 1912.

18. **La valeur du raisonnement en Psychothérapie.** — Communication au Congrès de neurologie de Gand, août-septembre 1913.

19. **Traitement électrique du Goître exophtalmique.** — Communication au Congrès de neurologie de Gand, 1913.

20. **Les Scrupuleux.** — Etude psychologique et clinique. Congrès de l'Association Bourguignonne des Sociétés Savantes, juin 1914, Dijon.

21. **Un monstre Pygopage** (Anne-Marie et Marie-Anne). — Communication au Congrès de l'Association Bourguignonne des Sociétés Savantes, juin 1914, Dijon. En collaboration avec M. le Dr Lafourcade.

LA
PSYCHOLOGIE DES PUSILLANIMES

COMMUNICATION

à la Société de Psychologie et de Philosophie de Dijon

2 février 1923

LES
MICELLES COLLOIDALES

DES TISSUS VIVANTS

COMMUNICATION

à la *Société des Sciences médicales de la Côte-d'Or*

2 mars 1923

PAR LE

Dr Ch. PFEIFFER (de Dijon)

Médecin de l'Institut de Neurologie·

DIJON

IMPRIMERIE VEUVE PAUL BERTHIER

12, rue Berbisey, 12

1923

Dᵣ Ch. PFEIFFER (de Dijon)

Médecin de l'Institut de Neurologie

LA
PSYCHOLOGIE DES PUSILLANIMES

Étymologiquement pusillanime veut dire : petite âme, petit esprit. C'est un esprit peu énergique, craintif, et non un esprit qui raisonne mal. Il y a chez le pusillanime une défaillance de la volonté combative, celle que nous appelons en somme l'énergie morale.

Mais si le pusillanime manque d'énergie, c'est que quelque chose la paralyse ; ce quelque chose c'est une crainte injustifiée, il voit trop gros les obstacles et il se mesure trop petit pour les affronter et à plus forte raison pour les vaincre. Le pusillanime est un émotif craintif, c'est *un timide spécialisé*. Il n'est pas timide devant les autres individus sociaux, mais il est timide devant certains faits auxquels il attribue une trop grande importance.

Voici tout de suite quelques exemples :

Pusillanime est ce jeune homme qui, dit-il, à l'entrée dans la salle d'examen, se sent prêt à faire une syncope. Pusillanime est cette jeune femme qui sur le point d'être opérée refuse obstinément l'anesthésie. Pusillanime encore cet homme qui pâlit et défaille à la vue d'une hémorragie même légère.

Ainsi un premier fait apparaît clairement, c'est qu'au point de vue psychologique, le pusillanime est un insuffisant de la volonté. Il n'a pas appris à résister ; il ne sait pas se raidir, ni surmonter une émotion. Chaque fois qu'il a essayé il a reculé, il a détourné la difficulté, il l'a fuie, il ne l'a pas résolue. Et il le sait, il se rend compte de sa faiblesse ; mais c'est, pense-t il, à cause de l'importance des causes où elle se manifeste. Les événements qui lui font peur sont très importants, pense-t-il, et il est sincère. Il grossit les faits ; il les voit à travers la lentille de son émotivité facile. Il les dénature ainsi spontanément et sincèrement. « Je ne peux pas lire les journaux depuis que nous avons occupé la Ruhr, me disait l'un de ces craintifs, car cela me retourne de lire les manchettes ; je suis sûr que nous allons nous attirer la guerre et que nos troupes vont être prises dans une souricière. »

Telle est son explication de sa propre émotion paralysante, c'est qu'il s'agit d'une nouvelle guerre mondiale.

Craignant des événements qui n'arrêtent pas les autres, le pusillanime devient hésitant devant un avenir inconnu, car il le voit plein de menaces. Il en arrive à tout craindre et par suite à limiter peu à peu et inconsciemment le champ de son activité. Il diminue, de projets en projets, pour arriver à en trouver un à sa taille, un qu'il puisse affronter. Témoin ce jeune homme reçu au baccalauréat, qui commence à préparer l'Ecole Polytechnique, pense ensuite à l'Ecole Centrale, descend à l'Ecole de Grignon, et finalement juge suffisant de préparer une vague Ecole d'agriculture dans laquelle il est reçu le premier. C'est là tout à fait le type du pusillanime. En face d'une difficulté, ces esprits « petits » se tâtent, se mesurent, inconsciemment ou non, et finissent par trouver un biais, un faux-fuyant, une tangente, pour y échapper. Ils finissent par méconnaître ainsi la réelle importance des faits et perdent la juste mesure nécessaire à leur évaluation. C'est ainsi que l'un d'eux, jeune homme de vingt-trois ans, s'est astreint pendant tout un hiver à ne pas voyager en tramway pour ne pas prendre, me disait-il, l'encéphalite léthargique, dont on parlait beaucoup à ce moment.

Le pusillanime a peur instinctivement de l'avenir, du nouveau, de l'imprévu, ce qui le rend méticuleux. Il épluche la collection des faits qui lui sont accessibles et de peur d'une aventure, s'interdit de les aborder ou bien s'il les affronte, il déploie un luxe de précautions dont il ne sent d'ailleurs ni l'inutilité, ni le ridicule. Témoin ce jeune étudiant qui, rentré chez lui de sa première dissection, fait bouillir ses gants de peau, qu'il croit infectés par le contact, plus ou moins problé-matique, avec le cadavre d'ailleurs stérilisé.

C'est au sujet des maladies que la pusillanimité se mani-feste d'une évidente manière. A entendre un de ces malades, il a une affection grave. Il en décrit les symptômes avec détails nombreux et circonstanciés. Les menus faits sont enregistrés comme des événements d'importance. Engagé dans cette voie, le pusillanime perd toute tranquillité et a recours à mille artifices plus ou moins ingénieux pour se préserver d'une affection qui l'épouvante, ou pour s'en débar-rasser s'il pense l'avoir contractée. Il porte sur lui des appa-reils contre le froid, il s'enveloppe les jambes de papier contre les rhumatismes, porte un cache-nez jusqu'aux yeux, l'hiver, une boîte de poudre antiseptique à priser ; il lit les articles des journaux où l'on donne des conseils hygiéniques et il achète les panacées que ces feuilles bienveillantes préco-nisent contre les infections, les microbes, les animaux facteurs de maladie, l'artério-sclérose.

Ainsi le pusillanime en arrive à penser beaucoup à lui-même. Et c'est une autre caractéristique de sa mentalité que cet égoïsme niais et menu qui rétrécit encore davantage le champ de sa conscience.

Tous les bobos le préoccupent outre mesure et sans être encore un phobique ou un obsédé, il est déjà un préoccupé et un angoissé. Jamais l'esprit dégagé d'une crainte, il s'attend toujours à « prendre » cette maladie ou celle-ci. Il en arrive très vite et presque infailliblement à passer dans les rangs de ces innombrables malades imaginaires, véritables types et très connus des médecins, de la pusillanimité. Mais d'autre part, le pusillanime qui débute, à s'étudier constamment, à craindre pour lui ceci et encore cela, parvient très vite à ne plus rien vouloir d'abord, à ne plus rien faire ensuite. Activité réduite de plus en plus, paresse cultivée par des arguments, des exemples, des résultats. Je ne pourrais pas faire un agriculteur, je suis trop sensible au froid ; je ne pourrais pas sortir la nuit comme un médecin, j'ai besoin d'un sommeil prolongé et régulier ; je ne pourrais pas manquer l'heure du déjeuner comme les voyages m'y obligeraient souvent.

Sous la menace d'une émotivité exagérée et dépourvu d'une habitude de l'effort qui lui suffirait pour se défaire de ses craintes, le pusillanime n'est pas heureux. Sans aller trop loin, il est un homme triste, sans enthousiasme spontané, sans entrain, sans joie. C'est vraiment le lièvre de la fable. Intelligent, instruit, il se prend au monde extérieur et à autrui de ses ennuis et de ses craintes. Il est né à une mauvaise époque ; le monde est bête et méchant, il n'y a de chance que pour les imbéciles, telles sont entre autres ses conclusions sur l'état social. Le pusillanime est sur le chemin de la misanthropie.

D'ailleurs son peu de résistance morale et émotive, sa faiblesse émotive pourrait-on dire pour l'équivaloir à la faiblesse irritable des neurasthéniques vrais, se double d'une véritable faiblesse musculaire, ou mieux motrice. Il y a longtemps que Ferré a noté que la motricité est défaillante chez les timides. Elle l'est aussi chez les pusillanimes qui sont en somme des timides spécialisés, des timides à localisations. Peu d'efforts mentaux, peu d'efforts physiques. Hésitation et paresse sur toute la ligne, telle est encore une caractéristique peut-être tardive, mais réelle, de la pusillanimité.

Ainsi l'appareil neuro-moteur semble touché chez le pusillanime. Une analyse plus médicale encore permettrait de manifester aussi chez lui un trouble dans l'innervation sympathique et parasympathique, un trouble de ce système nerveux de la vie végétative sur lequel nous commençons à savoir quelques vérités cliniques intéressantes. Les timides, et les pusillanimes en particulier, sont des hypersympathicotoniques : autrement dit leur émotivité est la conséquence d'un fonctionnement exagéré du système nerveux végétatif.

Mais on peut aller encore plus loin. Ne sont pas timides seulement ceux qui le veulent. Et le médecin est bien obligé de reconnaître que les timides et les pusillanimes sont des malades ou au moins des anormaux, de petits anormaux si vous voulez. Pas de troubles nerveux sans troubles glandulaires correspondants, dit-on aujourd'hui. Et il n'est pas besoin d'être grand clerc en médecine clinique pour reconnaître certains signes d'insuffisance glandulaire chez les pusillanimes : insuffisance testiculaire ou ovarienne, insuffisance thyroïdienne surtout : c'est le chapitre ouvert pour une guérison possible de la timidité, de la pusillanimité. Mais cela déborde un peu les limites de mon sujet.

Et maintenant, à quoi tend la pusillanimité ? Quelle est la destinée des pusillanimes ?

Beaucoup vivent ainsi longtemps sans autres symptômes désagréables, et leur vie est tout de même très supportable. Quelques-uns, peu enclins à la hardiesse d'une vie active, se replient sur eux-mêmes et développent leur moi au dedans d'eux si je puis dire, au lieu de l'extérioriser. Ils sont artistes, écrivains, poètes élégiaques.

Ils cultivent leurs impressions et leurs souvenirs. Ecoutez l'un d'eux, M. Francis Jammes :

> Des souvenirs chéris plus doux que des mélisses
> Habitent dans mon cœur joyeux et pourtant triste
> Pareil à un jardin rempli de jeunes filles...

Manifestation agréable d'une pusillanimité réelle que ces jolis vers.

Mais le pusillanime peut littéralement sombrer dans la maladie, non pas à cause de la gravité réelle de celle-ci, mais à cause de la gravité qu'il lui confère.

Vous la sentez venir l'innombrable tribu des malades exagérateurs par pusillanimité : il y en a par le monde des milliers et des milliers. Ils sont intéressants à plusieurs titres, d'abord parce qu'ils sont malheureux, ensuite parce qu'ils révèlent leurs déficits mentaux par leur conduite même.

N'ayant rien, ou peu de chose au point de vue strictement médical, ils se soignent sans cesse, vont d'un médecin à l'autre, essaient de tout ou presque de tout car certaines thérapeutiques trop nettes leur répugnent justement parce qu'ils sont craintifs. Essayez à celui qui se plaint de son intestin d'ordonner une purge, il la refuse avec des considérants variables et des prétextes demi-médicaux, résultat de longs raisonnements bâtis sur des erreurs. Car il est interprétateur de son état, et il se connaît mieux que personne au monde. Ne guérissant pas, il a peu de foi aux remèdes précis et aux médecins. Au fond il préfère les panacées, les remèdes populaires, les remèdes admirables, les charlatans en un mot.

Ce sont ces braves gens qui n'ayant que des bobos tendent à guérir « miraculeusement ». Ils sont dans l'attente du thérapeute à miracles, et il s'en trouve toujours et il s'en est toujours trouvé. Baquet de Mesmer à l'origine de son invention ; magnétisme animal, électricité, galvanisme, rayons X pour ceux qui aiment la science ; ou bien stations balnéaires bu non, saints guérisseurs, somnambules lucides, pieux pèlerinages, hypnotiseurs, suggestionneurs, etc., voilà où le pusillanime, malade imaginaire, ira se guérir.

A moins que, n'ayant plus foi en rien, ce pauvre égoïste timide ne s'enfonce dans la lypémanie, la phobie, la neurasthénie, et ne traîne une existence lamentable et stérile. Mais ceci est le tableau poussé à l'extrême, et rare en somme, heureusement.

La vraie thérapeutique me semble possible, par deux moyens, le moyen psychologique qui consiste à montrer patiemment au sujet pusillanime son erreur ou son exagération, et le défaut initial de sa constitution mentale. Ou bien second moyen, puisque cette constitution mentale est fonction d'un état organique troublé en quelque façon, détruire ce trouble organique fondamental ; et il apparaît que c'est là peut-être le vrai traitement médical de cette maladie du pusillanime.

LES MICELLES COLLOIDALES

DES TISSUS VIVANTS

On a étudié longuement jusqu'ici les substances colloïdales chimiques, c'est-à-dire artificielles, qui sont des produits du laboratoire. Nous nous sommes demandé si les tissus vivants ne pouvaient pas nous permettre d'observer les colloïdes naturels, organiques, et leurs éléments constitutifs. Or nous savions que le traumatisme violent apporté à un organisme produit dans sa constitution colloïdale des changements qu'on soupçonne sans les connaître exactement ; et nous avons pensé dès lors à soumettre à un traumatisme brutal des organismes suffisamment petits pour être examinés immédiatement à un grossissement suffisant.

En écrasant sur une lame de verre, par une lamelle, un très petit arachnide qui s'était laissé tombé du plafond au bout d'un fil, et en examinant immédiatement avec un grossissement de 750 diamètres, avec éclairage Abbé, lumière directe par miroir concave, nous avons pu observer un colloïde en voie de floculation, dans lequel nous avons sans grande difficulté reconnu distinctement 5 *espèces* de granulations micelliennes ou autres.

Rappelons d'abord que l'on considère les micelles colloïdales (et cette description est tirée de l'ouvrage récent d'Auguste Lumière), comme présentant une organisation complexe : une micelle comprend une *masse principale* centrale composée d'un nombre variable de molécules formant un granule, sorte de noyau possédant une charge électrique déterminée, et entourée d'une *couche claire* dont la charge électrique est de signe contraire. Telle est la description donnée par M. Lumière, qui ajoute : « La complexité et les dimensions du granule constituent les caractères essentiels qui distinguent les colloïdes des cristalloïdes. Au point de vue pondéral le granule est de beaucoup la partie la plus importante de la micelle ; mais il ne constitue qu'un amas de molécules insolubles et inertes dont l'aptitude aux réactions chimiques est réduite, tandis que les éléments qui l'entourent bien que ne formant qu'une minime fraction de l'arrangement micellaire, en sont la portion active qui intervient principalement dans les transformations du colloïde (1) ».

Quoiqu'il en soit voici les 5 espèces de granules colloïdaux trouvés dans nos expériences :

1° De très nombreux grains colloïdaux noirs ou au moins très foncés en couleur, ne présentant pas de double contour : ce sont des corpuscules micelliens non revêtus d'une enveloppe. Ceci indique du premier coup que cette enveloppe n'est pas constante.

2° De très petits grains clairs, presque transparents, très peu colorés, de taille égale à celle des précédents, auxquels ils ressemblent exactement, car ils sont dépourvus comme eux de partie enveloppante.

Ces deux premières espèces de granulations sont toujours très abondantes dans les préparations rapidement obtenues par l'écrasement brutal d'un petit animal entre lame et lamelle.

3° Les deux formes précédentes que nous appellerons des *grains micelliens* donnent en se compliquant d'une enveloppe, deux autres formes qui sont d'après la description précédente de Lumière, les véritables micelles. Il y en a donc deux espèces, des micelles à centre clair et à enveloppe claire, et les micelles à centre obscur et à membrane claire. Faisons remarquer qu'alors que le corpuscule central est ou clair ou foncé, l'enveloppe qui l'entoure reste toujours claire, du moins dans nos observations.

---

(1) A. LUMIÈRE. *Rôle des Colloïdes chez les êtres vivants,* Paris, Masson, 1921.

5° Enfin, toutes nos préparations montrent des globules graisseux de différentes tailles, depuis la dimension énorme d'un globule rouge et au-dessus, jusqu'à une dimension 10, 20, 50 fois plus petite. Ces globules de graisse ont un aspect tout à fait différent de l'aspect des micelles, et il n'y a aucune possibilité de confondre les corpuscules micelliens ou les micelles adultes avec les globules de graisse.

Mouvement Brownien. — Dans toutes les préparations qui sont faites assez rapidement et où l'écrasement n'est pas capable de réduire l'intervalle à zéro ou si vous aimez mieux, n'est pas capable de chasser tout ce qui s'y trouve, on rencontre les cinq ordres d'éléments précédemment décrits. Mais un phénomène tout à fait intéressant et même amusant à observer, c'est le mouvement brownien dont toutes les particules sauf les globules de graisse sont animées. Disons une une fois pour toute, qu'en effet, les globules graisseux très faciles à reconnaître par leur réfringence particulière sont aussi très faciles à distinguer, parce qu'ils ne présentent jamais de mouvement brownien spontané. Nous préciserons ce petit point tout à l'heure.

Le physicien Jean Perrin qui a étudié le mouvement brownien des micelles colloïdales artificielles, et qui a donné de ce mouvement des dessins exacts, a caractérisé le mouvement brownien en disant qu'il est *parfaitement irrégulier* et que la trajectoire totale décrite par un corpuscule micellien animé de ce mouvement est extrèmement compliquée et parfaitement désordonnée. Cette constatation faite sur les colloïdes artificiels ne se vérifie pas sur les colloïdes vivants que nous avons observés. Le mouvement brownien de ceux-ci est un mouvement vibratoire *très régulier*, à petites amplitudes égales, autant qu'on en puisse juger, mais en tous cas, sans les soubresauts et les déplacements précipités et éperdus que M. J. Perrin a décrits. Le spectacle n'en est pas moins tout à fait curieux, de voir la totalité du champ microscopique dans certaines régions de la préparation, occupée par une multitude infinie, plusieurs milliers, de ces particules, blanches ou noires, revêtues d'une enveloppe hyaline, ou au contraire tout à fait nues, exécutant une danse incessante et rythmée pendant plusieurs heures consécutives, c'est-à-dire jusqu'à floculation spontanée complète.

Quand on fait cet examen avec une patience suffisante et qu'on suit de l'œil avec attention un des corpuscules il arrive qu'on le voit entrer en contact avec les corpuscules voisins, et avec les globules graisseux. Sa conduite nous a paru différente dans l'un et l'autre cas. Quand un corpuscule micellien rencontre et touche un autre corpuscule micellien, il s'en éloigne instantanément comme si ce voisin le repoussait.

C'est tout à fait comparable à ces expériences de physique élémentaire sur les électricité de nom contraire dont on charge de petites boules, suspendues à des fils et qui se repoussent vivement ; expérience dite du pendule électrique.

Quand au contraire, un corpuscule micellien touche un globule graisseux, il ne le quitte pas immédiatement, il reste accolé à lui un instant et lui communique son mouvement ; et c'est un spectacle très amusant que de voir cette petite micelle, beaucoup plus petite que le globule graisseux, entraîner celui-ci dans sa danse pendant quelques secondes, puis le laisser comme s'il en cherchait un autre.

De ce dernier fait nous pourrions conclure que le globule graisseux inerte à lui tout seul, ne s'anime que quand une micelle l'entraîne ; ce qui reviendrait à dire que le liquide inter-micellaire ne serait pas doué d'un mouvement molléculaire qu'il communiquerait aux micelles, puisqu'il ne peut pas le communiquer aux globules graisseux. Mais il s'agit là d'hypothèses mathématiques qui ont peut-être leurs justifications, mais que je n'ai pas la compétence voulue pour approfondir : je ne puis parler avec certitude que de ce que j'ai vu. Or nos observations ne nous permettent pas de percevoir à l'œil le liquide intermicellaire, nous ne pouvons donc pas vérifier si c'est ce liquide, comme le pensent les physiciens, qui est animé d'un mouvement atomique qu'il communiquerait aux micelles. En tout cas, il ne communique pas ce mouvement aux globules de graisse. Nous dirons encore sur ce point, que peut-être en colorant d'une certaine manière, qui reste à déterminer, le liquide inter-micellaire, on pourrait trouver quelque chose d'intéressant en ce qui le concerne. Mais les colorants que nous avons employés dans ce but ne nous ont jusqu'ici rien donné, car ils provoquent une *floculation* plus ou moins instantanée.

FLOCULATION

L'expérience typique que nous venons de décrire et qui nous a permis déjà quelques petites constatations intéressantes se termine comment ? Elle se termine toujours par la floculation, que celle-ci soit produite à son tour par :

1° Le traumatisme initial ;

2° La dessication consécutive ;

3° Des procédés mécaniques. physiques ou chimiques.

1° *Floculation spontanée après le traumatisme*

Une première, et croyons-nous très importante considération, doit diriger nos idées sur ce point. C'est que jamais nous n'avons pu voir sur le vivant, avant le traumatisme, le mouvement brownien des granulations micelliennes. En observant par transparence certaines larves de Diptères vivantes nous avons trouvé facilement dans les parties les plus claires de la préparation, et simplement par transparence, les micelles typiques des 4 espèces que nous avons décrites précédemment. Mais aucune d'entre elles ne nous a semblé être animée d'un mouvement quelconque et surtout d'un mouvement brownien. Au contraire, aussitôt après l'écrasement, on trouve toujours dans un coin convenablement choisi de la préparation d'innombrables micelles soumises à un mouvement brownien tout à fait net et même intense. C'est donc dans les tissus traumatisés seulement que jusqu'ici nous avons trouvé le mouvement brownien en question. Si ce fait était vérifié et était général, il signifierait que l'apparition du mouvement brownien est un phénomène qui précède la *mort,* c'est-à-dire la *floculation* des micelles.

Quoiqu'il en soit, comment s'opère cette floculation spontanée après le traumatisme ? Voilà ce qu'il est facile de suivre dans nos expériences. Supposons que nous ayons écrasé une larve de Dixa, genre de Dyptère de la famille des Culicidæ qu'on trouve fréquemment dans les mares et les ruisseaux, et qui est une petite larve presque transparente, très facile à écraser d'un seul coup. Voici ce que nous voyons, au début : innombrable quantité de micelles dans un champ de la préparation, où l'écrasement n'a pas été absolu, et toutes ces micelles, des 4 espèces que nous avons décrites, sont animées d'un mouvement brownien intense, rapide, régulier, et très intéressant à suivre dans le champ clair du microscope.

Au bout d'un certain temps, variable avec des conditions qui resteraient à déterminer d'une manière précise, on voit certaines micelles ralentir leur mouvement brownien qui devient plus mou et moins saccadé, puis s'arrête tout à fait. La micelle devenue immobile est presque instantanément rencontrée par une autre sur le chemin de laquelle elle se place ; alors cette micelle inerte, s'accole à la micelle restée mouvante et finit par paralyser son mouvement. Une troisième micelle se joint aux deux premières par ralentissement de son mouvement à elle et les trois micelles restent accolées. Ceci se produit dans plusieurs points de la préparation, et on assiste à un spectacle assez curieux qui est celui de petits groupes épars çà et là et constitués par des paquets de micelles qui se joignent les unes aux autres et qui finissent par intéresser la totalité des corpuscules du champ du microscope. Ces phénomènes de floculation spontanée dans un organisme traumatisé mettent un temps variable à se produire : avec un écrasement violent et un peu serré, la floculation arrive dans moins d'un quart d'heure ; en procédant plus doucement, elle arrive au bout d'une heure ; et je l'ai vue une fois chez une petite araignée prise dans l'angle d'une fenêtre, durer pendant plus de 3 heures.

Cette floculation par écrasement commence donc par *l'arrêt du mouvement brownien* et se termine par *l'accolement des micelles*, et par la fusion plus ou moins complète des contours de ces micelles les uns dans les autres : la personnalité des micelles ne résiste pas à la floculation.

2° *Floculation par dessication*

Par la dessication seule, la floculation ne paraît pas se produire : une larve de *Dixa* abandonnée sur une lame sans être recouverte d'une lamelle et par conséquent sans être écrasée, examinée par transparence à un fort grossissement, nous a offert jusqu'à la mort, une transparence constante. Après la mort cette transparence s'altère par le ratatinement de la cuticule et on ne peut guère conclure grand'chose de cet examen.

Mais après écrasement entre lame et lamelle, la dessication paraît plus facile à observer : on la voit se propager des bords de la préparation au centre et parallèlement les micelles s'agglomérer en paquets beaucoup plus volumineux à la périphérie qu'au centre. Ainsi la privation d'eau faciliterait la floculation.

3° *Procédés de floculation*

A) *Par action mécanique.* — Une fois l'écrasement effectué entre lame et lamelle on examine les micelles dans un champ de la préparation et on prend une notion de la rapidité de leur mouvement, puis en conservant l'œil à l'oculaire on appuie sur la lamelle à l'aide de la pointe d'une aiguille emmanchée. On voit alors très facilement, la floculation s'accélérer à partir du point de compression.

B) *Procédés physiques.* — L'introduction d'une goutte *d'eau distillée* dans le milieu micellien en mouvement fige instantanément les micelles en groupes séparés au fur et à mesure que l'eau arrive. S'agit-il d'une action physique due à la température, d'une action électrique sur les corpuscules micelliens qui perdent leur charge par l'eau ? Nous ne trancherons pas cette question. Des recherches intéressantes pourraient être effectuées de ce côté par les physiciens.

Il serait intéressant étant données les théories qui règnent sur la constitution des atomes, et sur leurs charges électriques, de soumettre une préparation de mouvement brownien chez des micelles après traumatisme, au passage d'un courant électrique d'une intensité et d'une direction convenablement choisies.

C) *Procédés chimiques.* — Si dans une préparation où le mouvement brownien est très actif et les micelles bien séparées les unes des autres, on introduit des solutions plus ou moins étendues de substances chimiques : colorants, sels, acides, etc., comment se comporte la floculation sous ces différentes influences ? De telles expériences pourraient avoir de l'intérêt sans peut-être atteindre à une très grande précision. Il ne faut pas oublier, en effet, que nous sommes à une échelle microscopique des phénomènes, et que c'est toutes proportions gardées qu'il en faudrait tirer des conclusions.

Quoi qu'il en soit, nous avons pu personnellement faire cette première constatation, c'est que les grains micelliens semblent *prendre les colorants*, mais seulement après leur floculation ; mais je me hâte de dire que ce fait demande une plus ample vérification.

Conclusions

Des recherches que nous avons résumées dans les lignes qui précèdent nous pouvons tirer quelques conclusions :

1º On peut voir facilement et nettement, en ayant recours à un choc traumatique brutal, les diverses espèces de micelles *vivantes*, réelles et non hypothétiques.

2º On peut en distinguer aisément 4 espèces particulières, suivant qu'elles sont : *noires* ou *blanches*, entourées d'une *zone claire* ou *nues*.

3º La zone claire est probablement de nature différente du centre. Lumière considère cette zone comme très importante dans la vie des micelles.

4º Le centre, clair ou opaque, des micelles est un agrégat d'atomes de même valeur, et qui ne sont peut-être pas sans rapport avec les mitochondries des biologistes.

5º Toutes ces micelles n'ont rien de commun, au point de vue morphologique avec les globules de graisse.

6º Toutes ces micelles avant de floculer sont animées d'un mouvement brownien assez régulier et durant jusqu'à la floculation. Le mouvement brownien paraît être déjà un phénomène pathologique pour les micelles, un acheminement vers la mort des colloïdes vivants.

7º La floculation résulte du *choc*, dans la plus grande partie des préparations étudiées. Elle peut aussi être expérimentalement activée ou provoquée par divers moyens sur lesquels des recherches sont désirables.

8º La floculation achevée, tout mouvement brownien a disparu partout. Les micelles immobiles sont agglomérées en masses confuses. Alors l'animal écrasé est réellement et entièrement mort.

9º Toutes les conclusions qui précèdent sont vérifiables par l'observation directe.

DIJON. — IMPRIMERIE VEUVE P. BERTHIER

OUVRAGES DU DOCTEUR PFEIFFER (*suite*)

22. Note sur un syndrome de Cl. Bernard-Horner. — In *Progrès Médical*, 2 mars 1918.

23. Goitre exophtalmique émotif et syphilis. — In *Progrès Médical*, 24 avril 1920.

24. Note concernant trois cas d'hémiplégie cérebelleuse. — In *Bourgogne Médicale*, avril, mai, juin 1920.

25. Les Emotions. — Etudes psycho-physiologiques, 1 vol. in-18 jésus, Maloine, Paris, janvier 1922.

26. Diabète et syphilis. — Communication à la Société des Sciences Médicales de la Côte-d'Or, 6 avril 1922.

27. Traitement actuel des épilepsies. — *Bourgogne Médicale*, février-mars 1922.

28. Les Troubles nerveux Dysménorrheiques et leur Traitement. — Février 1923.

29. Sous presse : **Etudes cliniques et thérapeutiques sur la syphilis du système nerveux.**

AUTRES PUBLICATIONS

J. Guillemot. — Peintre bourguignon. Brochure in-8º avec planches hors texte. Imprimerie Beaunoise, Beaune, 1905.

Le Monument élevé à la mémoire du docteur E.-J. Marey, par le sculpteur Henri Bouchard. Brochure in-8º. Imprimerie Waris-Debret, Avize (Marne), 1912.

Les Madones d'Andréa del Sarto. — Etude critique et comparative des Vierges et des Saintes Familles du maître florentin. Avec 44 planches. 1 vol. in-8º. Librairie Daragon, Paris, 1913.

Sur la découverte récente d'un tableau du Titien signé et daté. — Beaune, R. Bertrand, imp., 1914.